ENFERMERIA

Y

LA LACTANCIA

MATERNA

INDICE
PARTE II

5.- PAPEL DE LA ENFERMERA EN LA PROTECCION A LA LACTANCIA

-E) En el primer semestre de vida
-F) A partir del segundo semestre
-G) Alimentación de la madre lactante
-H) Situaciones especiales
-I) Embarazos múltiples

6.- PAPEL DE LA ENFERMERA EN LA PROMOCION

7.- REGISTRO DE LA LACTANCIA E INTRODUCCION DE INDICADORES EN MEDIDAS DE CALIDAD Y EN PROGRAMAS DE SALUD

7.1.- INVESTIGACION
7.2.- DECLARACION FINAL

8.- BIBLIOGRAFIA

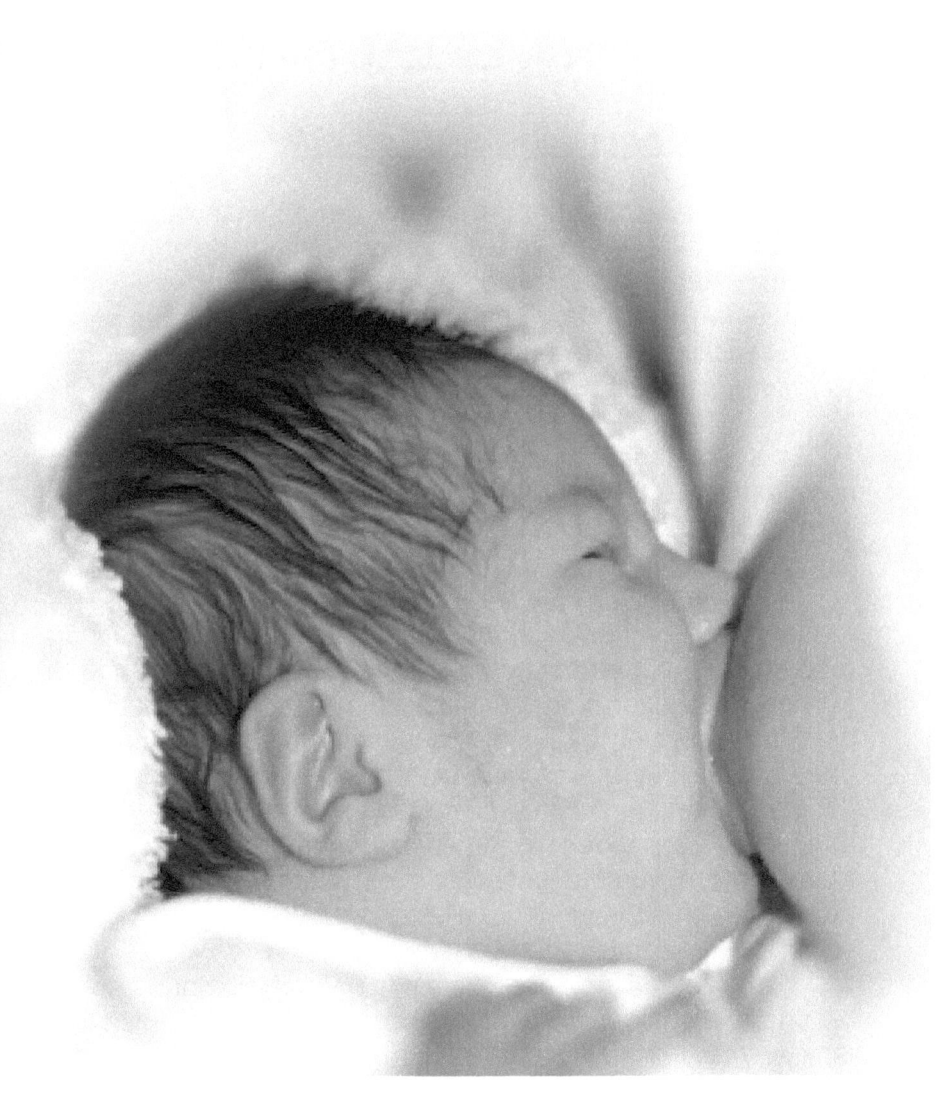

5.- PAPEL DE LA ENFERMERA EN LA PROTECCION A LA LACTANCIA

E) En el primer semestre de vida

15. El pediatra como firme defensor de la lactancia materna exclusiva hasta los 6 meses y complementada con otros alimentos desde los 6 meses hasta *los 2 años o más puede promoverla y apoyarla, informando a madres y familias sobre los beneficios de esta práctica para el lactante amamantado, su madre, su familia y la sociedad*130.

16. Es aconsejable que el pediatra anime a la madre a que ofrezca el pecho a demanda y para ello puede aprovechar las consultas por otros motivos para fomentar esta práctica.

   a) Mitos frecuentes como que los lactantes se empachan o se envician con el pecho pueden deshacerse explicando la función de la succión no nutritiva y su papel en el estímulo para la producción de leche. Es útil informar a los padres de que una vez que la lactancia está bien establecida, después del primer mes, el lactante suele reducir el número de tomas, aunque éstas pueden incrementarse durante los brotes de crecimiento o durante enfermedades intercurrentes, y evitar abandonos innecesarios.

17. La información personalizada y anticipatoria sobre lactancia y sus posibles problemas disminuye la ansiedad familiar y facilita la solución de los mismos cuando aparecen.

   a) Los temas más recurrentes son los brotes de crecimiento, la huelga de lactancia, la disminución habitual del número de deposiciones del lactante amamantado a partir del primer mes de lactancia (puede ser normal una deposición cada 7-10 días y no es necesario el estímulo rectal), problemas de sueño, bebés "exigentes". Puede ser útil ofrecer información por escrito.

18. El pediatra puede asegurar a las madres y familias que los lactantes amamantados no precisan suplementos de agua ni otros líquidos, ni siquiera en climas muy cálidos. La leche materna provee al bebé del suficiente aporte de líquidos.

19. Para los lactantes de piel muy oscura, aquellos a los que por razones culturales o religiosas no se les expone a la luz solar y en algunas zonas de *España en las que el clima sea especialmente nublado durante largas temporadas, puede ser aconsejable la administración de 200 U de vitamina D, en gotas*. La administración de vitamina D al resto de los lactantes sanos está en debate131,132. Los lactantes a término, sanos, amamantados no precisan ningún otro suplemento vitamínico excepto la vitamina K administrada en el período neonatal133.

20. Los niños prematuros, con bajo peso al nacimiento o con depósitos de hierro inadecuados al nacimiento, deben recibir suplementos de hierro medicamentoso durante los primeros 6 meses de vida134.

21. Es importante que el pediatra explique que el ritmo de crecimiento en los lactantes amamantados puede no ajustarse a los patrones de referencia más usados, y que cuando se utilizan otros parámetros como el bienestar del lactante y la ausencia de signos de hambre no suele ser necesario recomendar suplementos de sucedáneos ante un enlentecimiento de la ganancia ponderal135.

a) La OMS trabaja en la confección de patrones de referencia para niños y niñas amamantados. En el caso de un enlentecimiento ponderal o de sensación materna de hipogalactia, es necesario descartar problemas subyacentes como el uso de chupetes o tetinas, el espaciamiento de las tomas, problemas con la técnica de lactancia, alguna enfermedad del lactante, tabaquismo materno u otras enfermedades maternas latentes, a las que dar la solución oportuna antes de recurrir a los suplementos de sucedáneos que no solucionarán el problema e inducirán el abandono de la lactancia en un plazo más o menos corto136.

22. Para la mayoría de las madres, dormir en la misma habitación que su bebé facilita el amamantamiento y favorece el descanso materno137-141; además de ser una práctica segura que disminuye el riesgo de muerte súbita del lactante142,143, por ello el pediatra puede aconsejar a las madres que amamanten tumbadas en su cama durante las tomas nocturnas, para evitar al máximo un cansancio excesivo. En este caso es aconsejable instruir a las madres para que no metan a sus hijos en su cama en el caso de tomar medicación que produzca sueño profundo, madres muy fumadoras, tras la ingesta de alcohol o drogas o madres con obesidad mórbida. Así mismo, deben evitar tapar en exceso al bebé y acomodar los bordes de la cama para evitar caídas144. Para estos consejos puede utilizarse como apoyo gráfico el folleto ilustrativo de UNICEF145.

a) Conviene recordar que el colecho es una opción no médica que algunas madres pueden no desear y en este caso el pediatra respetará la opción de la madre, buscando con ella y su familia el modo de asegurar el descanso materno necesario para su salud y el éxito de la lactancia.

b) Las técnicas de terapia conductista de condicionamiento del sueño son difícilmente compatibles con la lactancia materna deberían reservarse a niños con enfermedades del sueño, no estando probadas ni su eficacia, ni su repercusión psicológica a largo plazo146-149.

F) A partir del segundo semestre

23. Es recomendable posponer la introducción de alimentos que complementen la leche materna a los 6 meses de vida. Con el fin de garantizar las necesidades nutricionales y mantener un crecimiento adecuado, se aconseja ofrecer a los lactantes amamantados, alrededor de los 6 meses, otros alimentos atendiendo a las señales de apetito y satisfacción, para proporcionar la energía, proteínas y micronutrientes suficientes, introduciendo sabores y texturas, de manera secuencial y progresiva con intervalo de varios días entre dos nuevos alimentos a fin de detectar posibles intolerancias y dar tiempo al niño a acostumbrarse a varios sabores150.

a) Es posible que algunos niños precisen, por necesidades específicas, la introducción de alimentos complementarios antes de los 6 meses y algunos lactantes rechazarán la alimentación complementaria hasta los 8 meses. La introducción de otros alimentos antes de los 6 meses no ofrece un aporte calórico superior sino que desplaza (el lactante regula su ingesta calórica) a la leche materna151.

b) La consistencia y la variedad de los alimentos pueden aumentar gradualmente con el crecimiento del niño, de acuerdo a su desarrollo neuromuscular, en forma de papillas, purés y alimentos semisólidos. Es útil recordar a las madres y sus familias que estos alimentos complementan, no sustituyen la leche materna y para ello puede ser útil ofrecerlos sin forzar la ingesta, después de las tomas de pecho durante el primer año de vida.

24. Es importante introducir en primer lugar alimentos ricos en hierro (preferiblemente del grupo de las carnes) y, posteriormente, otros como las frutas o los cereales (sin gluten antes de los 7 meses).

a) Como el número apropiado de comidas depende de la densidad energética de los alimentos y de las cantidades consumidas durante cada comida, no existen reglas fijas, pero puede ser útil seguir las recomendaciones de la OMS5: al niño amamantado sano se le debe proporcionar, además de la leche materna a demanda, 2 a 3 comidas al día entre los 6 y 8 meses de edad y 3 a 4 comidas al día entre los 9 y 24 meses de edad.

b) A los 12 meses, la mayoría de los niños ya puede consumir alimentos de consistencia sólida, aunque muchos aún reciben alimentos semisólidos. Los alimentos sólidos "grumosos" se pueden ofrecer alrededor de los 10 meses y posteriormente realizar la introducción de alimentos de consistencia más sólida.

25. El pediatra puede asegurar a las madres que los lactantes que reciben al menos 4 tomas de leche materna al día, no precisan complementar la dieta con otros productos lácteos.

26. Puesto que se recomienda mantener la lactancia materna hasta los 2 años o más y la leche materna sigue teniendo propiedades nutritivas y calóricas hasta que se produce el destete natural, el pediatra puede dar todo su apoyo a las madres que siguen estas recomendaciones.

a) Una vez que el niño ha cumplido el año, el pediatra puede aconsejar que se ofrezcan los alimentos antes de las tomas del pecho, procurando que el lactante se adapte progresivamente a las costumbres y gustos familiares.

G) Alimentación de la madre lactante

27. Para mantener un adecuado estado de nutrición, la alimentación de la madre durante la lactancia no precisa ser muy diferente de la que venía haciendo durante el embarazo. La ingesta diaria recomendada para las madres lactantes es, teóricamente, de 2.700 kcal, 500 calorías más que la mujer que no lacta, aunque las necesidades calóricas que requiere una madre que da el pecho son inferiores, probablemente porque las maneja de forma más eficiente152. Utilizando de preferencia la sal yodada y vigilando la calidad y el equilibrio, la madre no tendrá que hacer más variación que aumentar las raciones de acuerdo con su apetito y comer de todo sin abusar de nada153.

a) El estado nutricional de la madre, salvo en casos de desnutrición extrema, no interfiere en la capacidad de producción láctea ni en la calidad de la leche materna154.

b) Las mujeres bien nutridas con aumento ponderal adecuado durante el embarazo necesitan menos ración calórica, porque utilizan la grasa acumulada durante el embarazo en caderas y muslos, que se pierde antes en las madres que dan de mamar. Las necesidades de suplementos de hierro dependen de los niveles de hematocrito y ferritina y de la capacidad de recuperación materna tras el parto (amenorrea).

28. Durante el embarazo y la lactancia, se recomienda un aporte extra de yodo a las madres lactantes, de 200-300 _g/día, además de consumir sal yodada y pescado al menos dos veces por semana, ya que la ingesta de yodo a través de la leche materna es una buena fuente para la producción de hormonas tiroideas en el lactante, esenciales para el cerebro en desarrollo del feto y del lactante155-157.

29. El abuso de café, té, colas o chocolate puede producir inquietud e insomnio en el bebé. No conviene tomar más de

uno o dos cafés al día. Las infusiones pueden producir efectos adversos y es aconsejable observar las precauciones que se discuten en el apartado de las medicaciones.

H) Situaciones especiales

30. Ante partos distócicos o múltiples, neonatos de riesgo por prematuridad, bajo peso o enfermedad neonatal o materna, el pediatra actuará de manera que se favorezca al máximo la lactancia materna, evitando separaciones madre-hijo innecesarias o administración innecesaria de sucedáneos[101].

a) Es importante realizar las labores de apoyo y cuidados que madre e hijo necesiten para asegurar una correcta instauración de la lactancia, en el momento en que esta sea posible, asegurando la alimentación del recién nacido con leche materna extraída, si no es posible la succión, mediante suplementadores y evitando el uso de tetinas y chupetes que puedan interferir posteriormente en la adaptación al pecho materno.

b) Es necesario enseñar a la madre las técnicas de extracción manual y mecánica y las de almacenamiento de leche y asegurar el máximo contacto madre-hijo que las circunstancias especiales de cada caso determinen. La institución debería ofrecer apoyo máximo a la madre y sus familiares, personal y de instalaciones, ofertando la posibilidad de ingreso conjunto siempre que sea posible, demostrando respeto y cercanía y evitando actuaciones que puedan interferir con la lactancia.

31. Los beneficios de la lactancia materna son máximos en los recién nacidos pretérmino por lo que es fundamental que las actuaciones del personal sanitario velen por la mejor

instauración de la lactancia materna, ofreciendo a la madre toda la ayuda necesaria de profesionales con experiencia suficiente, para superar las dificultades derivadas de las características especiales de su recién nacido, evitando y detectando rutinas o prácticas que puedan interferir en el inicio o mantenimiento de estas lactancias[158].

a) Es necesario informar a la madre y los familiares de los riesgos de morbilidad y mortalidad extra que la alimentación de un prematuro con sucedáneos conlleva y cómo pueden evitarse mediante la alimentación con lactancia materna.

b) La gran mayoría de los recién nacidos pretérmino con peso al nacimiento por encima de 1.500 g no tienen dificultades de alimentación, son capaces de mamar directamente del pecho de su madre desde el momento del nacimiento y no requieren ningún aporte extra de nutrientes por lo que las estrategias nutricionales deben ser las mismas que para los nacidos a término.

32. Los servicios de pediatría en hospitales y clínicas deben trabajar para la implantación progresiva del método de la madre canguro en sus unidades de prematuros. Ello requiere esfuerzo administrativo, formación del pediatra y personal de enfermería y auxiliares para cambiar pautas y rutinas de actuación obsoletas y perjudiciales. La lactancia materna y el método de la madre canguro disminuyen la morbimortalidad neonatal y permiten el alta más temprana asegurando mejores cuidados y supervivencia posterior a este grupo neonatal de riesgo[159,160]. Así se recomienda:

a) Asegurar el contacto piel con piel del prematuro con la madre o el padre en la sala de neonatos, durante todo el tiempo que ellos determinen, pero como mínimo 1 h por sesión, sólo interrumpido para la realización de procedimientos o maniobras estrictamente necesarias.

b) Permitir la entrada sin restricciones de horario a ambos padres a la unidad161,162.

c) Favorecer la succión no nutritiva durante el contacto piel-piel y la nutrición enteral mínima o trófica con calostro materno163.

d) Enseñar el uso del sacaleches y adiestrar a las madres en las técnicas de extracción manual y mecánica, almacenamiento y mantenimiento de leche materna y, mientras dure la hospitalización del recién nacido, facilitar sacaleches a las madres para favorecer la extracción en domicilio.

e) Para la alimentación del recién nacido prematuro se aconseja utilizar leche de la madre, fresca o refrigerada (antes de 48 h) o congelada, por este orden. Y cuidar la espera y la transición en las madres de los niños que no pueden mamar directamente, administrando la leche materna por sonda, vaso o cuchara (evitar confusión de pezón), evitando tetinas o chupetes.

f) El uso de fortificantes suele ser innecesario si el prematuro gana peso con aportes elevados de leche materna (180-200 ml/kg/día) que en la mayoría de los casos son bien tolerados164. En cualquier caso, si son necesarios, los fortificantes de leche materna, sobre todo para los grandes inmaduros, se utilizarán sólo hasta que el niño tome la leche directamente del pecho165.

33. Es necesario promover la creación y el mantenimiento de bancos de leche materna, al menos uno por comunidad.

Ofrecen la posibilidad de alimentar con leche materna a prematuros o lactantes enfermos que no tienen acceso a la misma de otra manera y benefician a la madre donante que ve aumentar su producción de leche166. Además favorece la investigación y el uso de la leche materna incluso para adultos con graves problemas enterales. En España existen en la actualidad un banco en Baleares y otro que se inaugurará en breve en la Comunidad de Madrid.

l) Embarazos múltiples

34. Cualquier mujer sana tiene capacidad para la producción de leche suficiente para 2 hijos y el pediatra puede contribuir al éxito de la lactancia estimulando el deseo de amamantar, anticipando los problemas y sus soluciones desde el embarazo, facilitando el amamantamiento precoz al nacimiento, el alojamiento conjunto y la extracción de leche si los niños no pueden succionar y evitando el uso de tetinas o chupetes que interfieren con una adecuada succión al pecho posteriormente. Aunque la mujer tiene capacidad para amamantar a trillizos e incluso a cuatrillizos, la dificultad de la producción de leche adecuada para más niños es proporcional al número de niños que se gesten.

a) Durante las primeras semanas, puede aconsejarse amamantar a cada niño por separado hasta que el agarre y la técnica de succión están correctamente establecidas. Después, amamantar a ambos a la vez facilita el amamantamiento.

35. En el caso de que uno de los recién nacidos precise un ingreso hospitalario durante más tiempo, es aconsejable el ingreso de la madre y el otro hijo en la maternidad para evitar desplazamientos y asegurar que el neonato más débil o enfermo se beneficie de la leche materna.

36. El pediatra no debe desaconsejar la lactancia en tándem ya que no hay evidencias científicas de perjuicio para madre o hijos y sí beneficios. Se denomina "lactancia en tándem" al amamantamiento simultáneo de dos hijos de diferente edad. Durante el amamantamiento pueden originarse contracciones uterinas que no contraindican la lactancia y son similares a las que se producen durante la relación sexual. Se debe instruir a la madre para que dé prioridad al recién nacido, al que le ofrecerá primero el
pecho.

37. Los beneficios de la lactancia son aún mayores para el neonato con problemas o el lactante enfermo167,168. El amamantamiento es especialmente beneficioso en los niños enfermos por facilitar el apego, reducir el riesgo de morbilidad asociada a problemas como infecciones o dificultad respiratoria y contribuir a mejorar su desarrollo psicosomático y mantener su estado nutricional169. *Cuando el lactante enfermo precise hospitalización, si no existe justificación médica para que la madre lactante no esté al lado de su hijo, es prioritario el mantenimiento de la lactancia y el alojamiento conjunto de ambos* en la misma habitación o cerca, en la misma unidad.

38. El recién nacido con síndrome de Down y el afectado de hipotonía muscular precisan un apoyo extra y conocimiento a fondo de la técnica de lactancia para adiestrar a la madre en el uso de determinadas posturas que favorecen el agarre al pecho. La hipotonía muscular puede influir en el agarre y la succión, pero las dificultades de alimentación no aparecen necesariamente siempre. Es especialmente importante evitar la separación madre-hijo durante las primeras horas o días y, en los casos en los que el amamantamiento directo no sea inicialmente posible, administrar suplementos o sueros con

suplementadotes que no interfieran con el agarre y la succión posterior.

39. En los casos con alteraciones en la anatomía estructural de la cavidad bucal, labio leporino y fisura palatina, será necesario averiguar si el niño es capaz de realizar un sellado, una succión y una presión negativa adecuados[170]. Si el niño puede o no ser amamantado depende de la extensión del defecto, siendo más difícil en caso de fisura palatina que en el labio leporino.

a) Puede contribuir al éxito enseñar a la madre algunas técnicas especiales como sostener al niño en posición semiincorporada para evitar que la leche salga por la nariz, presionar levemente la mandíbula hacia delante y asegurar que la nuca esté ligeramente flexionada.

b) Si el amamantamiento directo es imposible, antes de provocar frustración a la madre es preferible la extracción de leche materna para administrarla con tetinas especiales.

40. La mayoría de los recién nacidos con cardiopatía congénita son capaces de mamar directamente del pecho[171]. aunque pueden precisar tomas frecuentes, administración de la leche en vaso si la succión causa fatiga (el amamantamiento requiere menos esfuerzo que la succión de tetinas) o, en caso de necesitar restricción de líquidos, extracción previa de parte de la leche del pecho para poder ofrecer la leche del final, más concentrada y rica en grasas[172].

41. La gran mayoría de los procesos de enfermedad materna son compatibles con la lactancia, que se ha demostrado beneficiosa en muchos de ellos tanto para la madre como para el niño[173,174].

a) Cuando la mujer que lacta tenga que ser ingresada por motivos de su enfermedad, es aconsejable el alojamiento conjunto, a menos que precise un aislamiento. No deben posponerse pruebas diagnósticas ni tratamientos, si ello puede empeorar la salud materna pero entre varias opciones conviene optar por la que menos interfiera con la lactancia.

42. Entre las enfermedades maternas que frecuentemente llevan a una retirada injustificada de la lactancia se encuentran los procesos infecciosos intercurrentes, tanto respiratorios como gastrointestinales; la anemia materna, secundaria o no al proceso del embarazo y parto; la diabetes mellitus; los procesos tiroideos; los problemas cardiovasculares o de hipertensión; el asma; procesos digestivos agudos o crónicos; la epilepsia y la depresión. En ninguno de estos procesos está contraindicada la lactancia y la mujer puede ser tratada con fármacos compatibles con la misma.

a) En las mujeres con problemas psiquiátricos graves se aconseja un cuidado individualizado y sopesar el riesgo-beneficio en cada caso particular.

43. Los implantes mamarios de silicona no contraindican la lactancia y no suele haber problemas para lactar. En el caso de reducción mamaria, la cirugía conservadora de la glándula sin sección de los conductos galactóforos permite el amamantamiento; en caso de sección de los conductos puede haber dificultades para lactar y es necesario efectuar una vigilancia más estrecha de la lactancia. Si la cirugía del pecho ha sido unilateral, la lactancia es posible con el pecho sano[175,176].

44. La vuelta al trabajo no debería de constituir un abandono de la lactancia. El pediatra puede ayudar a promocionar y apoyar las opciones que permitan compaginar lactancia y trabajo productivo. Es importante ofrecer y discutir *con la madre las opciones posibles* y alargar la baja por maternidad (cuando sea posible) al menos durante las primeras 6 semanas en que se establece la lactogénesis.

a) El pediatra puede ofrecer a la madre información teórico-práctica de las técnicas de extracción; conservación; administración, por una tercera persona, de la leche materna extraída; y mantenimiento del máximo número de tomas de pecho compatible con el horario laboral, investigando con la madre diversas opciones que faciliten el amamantamiento: guarderías en el lugar de trabajo, hora de lactancia, llevar el bebé al trabajo, alargar el permiso de maternidad, reducción de la jornada de trabajo, etc.

45. La atención a los grupos de mayor riesgo de no inicio o abandono precoz de la lactancia materna, como la madre adolescente y la madre emigrante, requiere un esfuerzo especial en el asesoramiento y en el apoyo y seguimiento de la lactancia materna. Desde el embarazo, en el parto y el puerperio, o en el momento de la captación en las consultas de atención primaria, es importante realizar un seguimiento especial a estos grupos de riesgo.

6.- PAPEL DE LA ENFERMERA EN LA PROMOCIÓN DE LA LACTANCIA MATERNA

Las políticas de planificación y promoción deberían ajustarse a las estrategias del plan europeo de promoción,

protección y apoyo a la lactancia materna. El Ministerio de Sanidad y los gobiernos autonómicos tienen la responsabilidad de adecuar su política de lactancia a las directrices de la OMS5 y del Plan Europeo de Promoción de la Lactancia Materna177 y los pediatras de participar en actividades
e iniciativas que impulsen propuestas sobre promoción
y protección como las que siguen:

– Estimular y participar activamente en el cumplimiento de los 10 puntos de la iniciativa hacia una "Feliz lactancia natural", en todas las maternidades para aumentar el número de "Hospitales Amigos de los niños".

– Extender la Iniciativa "Amigo del niño" a los centros de salud, guarderías y empresas, colaborando para que estos centros hagan las adaptaciones necesarias para que las madres que así lo deseen puedan ejercer su derecho a alimentar a sus hijos con lactancia materna.

– Colaborar con colegios e institutos para que los niños reciban conocimientos básicos sobre la importancia de la lactancia materna y su lugar como norma de alimentación del lactante.

– Promover iniciativas que promuevan alianzas entre los profesionales sanitarios y los grupos de apoyo a la lactancia materna.

– Fomentar y participar en la creación de bancos de leche materna.

– Promover la creación de grupos locales de madres lactantes y de talleres de lactancia en los centros de salud y animar a las madres y a sus familias a participar o formar grupos de apoyo que, aunque numerosos y en fase de crecimiento, siguen siendo insuficientes en la actualidad.

– Participar y fomentar la formación teórico-práctica de los profesionales implicados en el cuidado de la salud del dúo madre-lactante: médico de familia, obstetra, matrona, enfermeras pediátricas y otros profesionales.

– Participar activamente en el diseño de planes de formación en lactancia para estudiantes de enfermería y medicina así como en la formación posgrado de MIR, FIR, enfermeras y matronas. Los MIR de pediatría deben ser adecuadamente formados178.

7.- REGISTRO DE LACTANCIA E INTRODUCCIÓN DE INDICADORES DE LACTANCIA EN MEDIDAS DE CALIDAD Y EN PROGRAMAS DE SALUD.

7.1.- INVESTIGACIÓN

El adecuado seguimiento de la lactancia materna y la evaluación de los programas y actuaciones de apoyo y promoción a la lactancia materna requiere el reflejo adecuado de registros de lactancia en las historias clínicas y la introducción de estos datos en las medidas de calidad.

Todo ello redundará en un mejor control de las actividades de apoyo y promoción de la lactancia y en el avance en la dirección correcta de los programas de salud maternoinfantiles.

Por otra parte, es necesario continuar y avanzar en la investigación en lactancia humana. Este es un campo apasionante de investigación que requiere la aplicación de los métodos epidemiológicos; en el que, por razones éticas, los ensayos clínicos son rara vez aplicables y donde, a menudo, es necesaria la colaboración interdisciplinar y la aplicación de métodos analíticos robustos para reforzar los hallazgos de los estudios de observación.

Además, la realización de estudios fiables y válidos sobre lactancia exige la definición de la lactancia con indicadores precisos como los aconsejados por la OMS[179] que faciliten la comparación y seguimiento de resultados y asegurar que los estudios carezcan de errores de diseño o de análisis. Es importante que más pediatras españoles se impliquen en la investigación en este campo que abarca un amplio rango de intereses en la investigación clínica, básica y social.

7.2.- DECLARACIÓN FINAL

La lactancia materna se halla en el contrapunto de naturaleza y cultura y las bajas tasas de prevalencia de lactancia materna son un problema de Salud Pública. Los pediatras, como promotores de salud, podemos trabajar activamente para su recuperación progresiva, interviniendo prioritariamente en cambios que conlleven un comienzo más cálido en las maternidades, la continuidad de la lactancia exclusiva en atención primaria, la intervención efectiva en políticas de salud, el respeto riguroso de la legislación sobre la comercialización de fórmulas artificiales, la puesta en marcha del actual plan europeo de Promoción y apoyo a la lactancia materna a nivel estatal, las intervenciones en educación para la salud de las madres y sus familiares y la formación de profesionales sanitarios, la promoción de actividades que mejoren la valoración social de la lactancia natural y la crianza y la participación activa en formación e impulso de talleres de lactancia y grupos de apoyo.

Todo ello con el objetivo de contribuir a lanzar un mensaje único que permita mejorar nuestras tasas de alimentación al pecho y la recuperación de la lactancia como norma de alimentación y crianza de nuestros lactantes.

8.- BIBLIOGRAFÍA

1. Asamblea Mundial de la Salud, 1974. WHA 27-43.
2. Field CJ. The immunological components of human milk and their effect on immune development in infants. J Nutr. 2005; 135:1-4.
3. Lozano de la Torre M, Martín Calama J. Aspectos nutricionales de la lactancia materna. Acta Pediatr Esp. 1998;56:24-32.
4. Comité de Lactancia Materna de la Asociación Española de Pediatría. Informe técnico sobre la lactancia materna en España. An Esp Pediatr. 1999;50:333-40.
5. OMS. Nutrición del lactante y del niño pequeño. Estrategia mundial para la alimentación del lactante y del niño pequeño. Informe de la Secretaría. Genève: 55.ª Asamblea Mundial de la Salud. 16 de abril de 2002. A55/15. Disponible en: http://www.who.int/gb/EBWHA/PDF/WHA55/EA5515.PDF
6. Cattaneo A, Yngve A, Koletzko B, Guzman LR. Promotion of Breastfeeding in Europe project. Protection, promotion and support of breastfeeding in Europe: Current situation. Public Health Nutr. 2005:8:39-46.
7. OMS-UNICEF: Declaración de Innocenti. WHO. Florencia; 1990, que fue adoptada por la 45.ª Asamblea Mundial de la Salud en mayo de 1992 (resolución WHA 45.34).
8. Palomares Gimeno MJ, Labordena Barceló C, Sanantonio Valdearcos F, Agramunt Soler G, Nácher Fernández A, Palau Foster G. Opiniones y conocimientos básicos sobre lactancia materna en el personal sanitario. Rev Pediatr Aten Primaria. 2001;3:393-402.
9. Díaz NM, Doménech E, Díaz J, Galván C, Barroso A. Influencia de las prácticas hospitalarias y otros factores en la duración de la lactancia materna. Rev Esp Pediatr. 1989;45:198-204.
10. Labarere J, Gelbert-Baudeno N, Ayral A-S, et al. Efficacy of Breastfeeding Support Provided by Trained Clinicians During an Early, Routine, Preventive Visit; A prospective Randomized, Open Trial of 226 Mother-Infant Pairs. Pediatrics. 2005;115:139-46.
11. Paricio Talayero JM, Santos Serrano L, Fernández Feijoo A, Martí Barranco E, Bernal Ferrer A, Ferriol Camacho M, et al. Lactancia materna: conocimientos, actitudes y ambigüedad sociocultural. Aten Primaria. 1999;24:337-43.

12. Santos Serrano L, Paricio Talayero JM, Fernández Feijoo A, Ferriol Camacho M, Grieco Burucua M, Beseler Soto B. Los cargos sanitarios ante la lactancia materna. An Esp Pediatr. 1998;48:245-50.
13. Promoting the initiation of breastfeeding University of York. NHS Centre for Reviews and Dissemination. Promoting the initiation of breastfeeding. Effective Health Care. 2000. p. 6, 12.
14. Díaz-Gómez NM, Lasarte JJ. Experiencia de un año del foro de lactancia materna para profesionales y padres. An Esp Pediatr. 2004;60:88.
15. NHS Centre for Reviews and Dissemination. University of York Promoting the initiation of breastfeeding. Effec Health Care. 2000;6:12.
16. Hernández Aguilar MT, Lasarte Velilla JJ, Muñoz Guillén A, Díaz Marijuan C, Martín Calama J. Epidemiología de la Latancia Materna. Análisis de 6000 lactantes en la Comunidad Valenciana. Rev Pediatr Aten Primaria. 2004;21:19-37.
17. Paricio Talayero JM, Salom Pérez A. Tipo de lactancia y morbilidad general en los primeros 5 meses de vida. An Esp Pediatr. 1994;40:287-90.
18. Alm B, Wennergren AB, Norrvenius SG, Skaerven R, Lagercrantz H, Helweg-Larsen K, et al. Breast feeding and the sudden infant death syndrome in Scandinavia. Arch Dis Child 2002;86:400-2.
19. Chen A, Rogan WJ. Breastfeeding and the risk of postneonatal death in the United States. Pediatrics. 2004;113:435-9.
20. Alm B, Wennergre G, Norvenius SG, Skjaerven R, Lagercrantz H, Helweg-Larsen K, et al, on behalf of the Nordic Epidemiological SIDS Study. Breast feeding and the sudden infant death syndrome in Scandinavia, 1992-1995. Arch Dis Child. 2002;86:400-2.
21. Temboury Molina MC, Polanco Allué I, Otero Puime A, Tomás Ros M, Ruiz Álvarez F, Marcos Navarrete MA. Influencia de la lactancia materna en la morbilidad y en la utilización de servicios sanitarios del lactante. Comunitaria. 1991;1:16-20.
22. López-Alarcón M, Villalpando S, Fajardo A. Breast-feeding lowers the frequency and duration of acute respiratory infection and diarrhea in infants under six months of age. J Nutr. 1997;127:436-43.
23. Reyes H, Pérez-Cuevas R, Salmerón J, Tomé P, Guiscafre H, Gutiérrez G. Infant mortality due to acute respiratory infections: The influence of primary care processes. Health Policy Plan. 1997;12:214-23.
24. Cushing AH, Samet JM, Lambert WE, Skipper BJ, Hunt WC, Young SA, et al. Breastfeeding reduces risk of respiratory illness in infants. Am J Epidemiol. 1998;147:863-70.
25. Kramer MS, Chalmers B, Hodnett ED, Sevkovskaya Z, Dzikovich I, Sahpiro S, et al. Promotion of Breastfeeding Intervention Trial (PROBIT): A randomized trial in the Republic of Belarus. J Am Med Assoc. 2001;285:413-20.
26. Dewey KG, Heinig MJ, Nommsen-Rivers LA. Differences in morbidity between breast-fed and formula-fed infants. J Pediatr. 1995;126(5 Pt 1):696-702.
27. Wang YS, Wu SY. The effect of exclusive breastfeeding on development and incidence of infection in infants. J Hum Lact. 1996;12:27-30.

28. Scariati PD, Grummer-Strawn LM, Fein SB. A longitudinal analysis of infant morbidity and the extent of breastfeeding in the United States. Pediatrics. 1997;99:E5.
29. Baker D, Taylor H, Henderson J. Inequality in infant morbidity: Causes and consequences in England in the 1990s. ALSPAC Study Team. Avon Longitudinal Study of Pregnancy and Childhood. J Epidemiol Community Health. 1998;52:451-8.
30. Wilson AC, Forsyth JS, Greene SA, Irvine L, Hau C, Howie PW. Relation of infant diet to childhood health: Seven year follow up of cohort of children in Dundee infant feeding study. BMJ. 1998;316:21-5.
31. Wright AL, Bauer M, Naylor A, Sutcliffe E, Clark L. Increasing breastfeeding rates to reduce infant illness at the community level. Pediatrics. 1998;101:837-44.
32. Raisler J, Alexander C, O'Campo P. Breast-feeding and infant illness: A dose-response relationship? Am J Public Health. 1999;89:25-30.
33. Heinig MJ. Host defense benefits of breastfeeding for the infant: Effect of breastfeeding duration and exclusivity. Pediatr Clin North Am. 2002;48:105-23.
34. Cesar JA, Victora CG, Barros FC, Santos IS, Flores JA. Impact of breast feeding on admission for pneumonia during postneonatal period in Brazil: Nested case-control study. BMJ. 1999;318:1316-20.
35. Oddy WH, Sly PD, De Klerk NH, Landau LI, Kendall GE, Holt PG, et al. Breast feeding and respiratory morbidity in infancy: A birth cohort study. Arch Dis Child. 2003;88:224-8.
36. Bachrach VR, Schwarz E, Bachrach LR. Breastfeeding and the risk of hospitalization for respiratory disease in infancy: A meta-analysis. Arch Pediatr Adolesc Med. 2003;157:237-43.
37. Albernaz EP, Menezes AM, César JA, Victora CG, Barros FC, Halpern R. Fatores de risco associados à hospitalização por bronquiolite aguda no período pós-neonatal. Rev Saude Publica. 2003;37:485-93.
38. Levine OS, Farley M, Harrison LH, Lefkowitz L, McGeer A, Schwartz B. Risk factors for invasive pneumococcal disease in children: A population-based case-control study in North America. Pediatrics. 1999;103:E28.
39. Galton V, Schwarz E, Bachrach L. Breastfeeding and the risk of hospitalization for respiratory disease in infancy: A meta-analysis. Arch Pediatr Adolesc Med. 2003;157:237-43.
40. Kramer MS, Kakuma R. Optimal duration of exclusive breastfeeding. (Cochrane Review). In: The Cochrane Library, Issue 1, Oxford: Update Software; 2002.
41. Gdalevich M, Mimouni D, Mimouni M. Breastfeeding and the risk of bronchial asthma in childhood: A systematic review with meta-analysis of prospective studies. J Pediatr. 2001;139:261-6.
42. Gdalevich M, Mimouni D, David M, Mimouni M. Breast feeding and the onset of atopic dermatitis in childhood: A systematic review and meta-analysis of prospective studies. J Am Acad Dermatol. 2001;45:520-7.
43. Hanson LA, Korotkova M, Telemo E. Breast-feeding, infant formulas, and the immune system. Ann Allergy Asthma Immunol. 2003;90 Suppl 3:59-63.
44. Bick D. The benefits of breastfeeding for the infant. Br J Midwif. 1999;7:312-9.

45. Drane D. Breastfeeding and formula feeding: A preliminary economic analysis. Breastfeed Rev. 1997;5:7-15.
46. Lucas A, Cole TJ. Breast milk and neonatal necrotizing enterocolitis. Lancet. 1990;336:519-23.
47. Patote S. Prevention of necrotising enterocolitis. Year 2000 and beyond... J Maternal-Fetal Neonat Med. 2005;17:69- 80.
48. Díaz-Gómez NM, Doménech E, Barroso F. Breast feeding and growth factors in preterm newborn infants. J Pediatr Gastroent Nutr. 1997;24:322-7.
49. Hawkes JS, Neumann MA, Gibson RA. The effect of breast feeding on lymphocyte subpopulations in healthy term infants at 6 months of age. Pediatr Res. 1999;45:648-51.
50. Hanson LA. The mother-offspring dyad and the immune system. Acta Paediatr. 2000;89:252-8.
51. Hanson LS. Human milk and host defence: Immediate and long-term effects. Acta Paediatr. 1999;88 Suppl :42-6.
52. UK Childhood Cancer Study Investigators. Breastfeeding and Childhood Cancer. Br J Cancer. 2001;85:1685-94.
53. Kwan ML, Buffler PA, Abrams B, Kiley VA. Breastfeeding and the risk of childhood leukemia: A metanalysis. Pub Health Rep. 2004;119:521-35.
54. Dick G. The Etiology of Multiple Sclerosis. Proc Roy Soc Med. 1989;69:611-5.
55. Freudenheim JL, Marshall JR, Graham S, Lauglin R, Vena JE, Bandera R, et al. Exposure to breast milk in infancy and the risk of breast cancer. Epidemiology. 1994;5:324-31.
56. Labbok MH. Does breastfeeding protect against malocclusion? An analysis of the 1981 Child Health Supplement to the National Health Interview Survey. Am J Prevent Med. 1987; 3:227-32.
57. Brisque Neiva FC, Martins Cattoni D, De Araujo Ramos JL, Issler H. Desmame precoce: Implicações para o desenvolvimento motor-oral. J Pediatr (Rio J). 2003;79:7-12.
58. Viggiano D, Fasano D, Monaco G, Strohmenger L. Breast feeding, bottle feeding, and non-nutritive sucking; effects on occlusion in deciduous dentition. Arch Dis Child. 2004:89: 1121-3.
59. Pisacane A, De Luca U, Vaccaro F, Valiante A, Impagliazzo N, Caracciolo G. Breast-feeding and inguinal hernia. J Pediatr. 1995;127:109-11.
60. Temboury MC, Otero A, Polanco I, Arribas E. Influence of breast-feeding on the infant's intellectual development. J Pediatr Gastroenterol Nutr. 1994;18:32-6.
61. Anderson JW, Johnstone BM, Remley DT. Breastfeeding and cognitive development: A meta-analysis. Am J Clin Nutr. 1999; 70:525-35.
62. Drane DL, Logemann JA. A critical evaluation of the evidence on the association between type of infant feeding and cognitive development. Pediatr Epidemiol. 2000;14:349-56.
63. Lykke Mortensen E, Fleischer Michaelsen K, Sanders SA, Reinisch JM. The association between duration of breastfeeding and adult intelligence. JAMA. 2002;287:2365-71.
64. Uvnas-Moberg, E. Breastfeeding: Physiological, endocrine and behavioral adaptations caused by oxytocin and local neurogenic activity in the nipple and mammary gland. Acta Paediatr. 1996;85:525-30.

65. Acheston L. Family violence and breastfeeding. Arch Fam Med. 1995;4:650-2.
66. De Onis M, Habicht JP. Anthropometric reference data for international use: Recommendations from a World Health Organization Expert Committee. Am J Clin Nutr. 1996;64:650-8.
67. Dewey KG, Peerson JM, Brown KH, Krebs NF, Michaelsen KF, Persson LA, et al. Growth of breast-fed infants deviates from current reference data: A pooled analysis of US, Canadian, and European data sets. Pediatrics. 1995;96:495-503.
68. Gillman MW, Rifas-Shinan SL, Camargo CA, Berkey CS, Frazier AL, Rockett HRH, et al. Risk of overweight among adolescents who were breastfed as infants. J Am Med Assoc. 2001;285: 2461-7.
69. Butte NF. The role of breastfeeding in obesity. Pediatr Clin North Am. 2001;48:189-98.
70. Gillman MW, Rifas-Shiman SL, Camargo C Jr, Berkey CS, Frazier AL, Rockett HR, et al. Risk of overweight among adolescents who were breastfed as infants. JAMA. 2001;285:2461-7.
71. Singhal A, Cole T, Fewtrell M, Lucas A. Lactancia Materna y el perfil de lipoproteínas en los adolescentes. Lancet. 2004;363: 1571-8.
72. Martin RM, Richard M, Gunnell D, Smith GD. Breastfeeding in Infancy and Blood Pressure in Later Life; Systematic Review and Meta-Analysis. Am J Epidemiol. 2005;161:15-26.
73. Labbock MH. Health sequelae of breastfeeding for the mother. Clin Perinatol. 1999;26:491-503.
74. Collaborative Group on Hormonal Factors in Breast Cancer. Breast cancer and breastfeeding: Collaborative reanalysis of individual data from 47 epidemiological studies in 30 countries, including 50302 women with breast cancer and 96973 women without the disease. Lancet. 2002;20:187-95.
75. Karlson EW, Mandl LA, Hankinson SE, Grodstein F. Do breast-feeding and other reproductive factors influence future risk of rheumatoid arthritis? Results from the Nurses' Health Study. Arthritis Rheum. 2004;50:3458-67.
76. Ball TM, Wright AL. Health care costs of formula-feeding in the first year of life. Pediatrics. 1999;103:870-6.
77. Centers for Disease Control and Prevention and USPHS Working Group. Guidelines for counseling persons infected with human Tlymphotropic virus type I (HTLV-1) and type II (HTLV-II). Ann Intern Med. 1993;118:448-54.
78. Academy of Pediatics. Committee on Drugs. Transfer of drugs and the other chemicals into humnan milk. Pediatrics. 2001; 108:776-89.
79. Robinson PS, Barker P, Campbell A, Henson P, Surveyor I, Young PR. Iodine-131 in breast milk following therapy for thyroid carcinoma. J Nucl Med. 1994;35:1797-801.
80. Bakheet SM, Hammami MM. Patterns of radioiodine uptake by the lactating breast. Eur J Nucl Med. 1994;21:604-8.
81. Egan PC, Costanza ME, Dodion P, Egorin MJ, Bachur NR. Doxorubicin and cisplatin excretion into human milk. Cancer Treat Rep. 1985;69:1387-9.
82. Chen Y-T. Defects in galactose metabolism. En: Behrman RE, Kliegman RM, Jenson HB, editors. Nelson Textbook of Pediatrics. 16th ed. Philadelphia: Saunders. 2000. p. 413-4.

83. American Academy of Pediatrics. Transmision of infectious agents via human milk. En: Pickering LK, editor. Red Book 2003. Report of the Committee on Infectious Diseases. 26th ed. Elk Grove Village: American Academy of Pediatrics; 2003. p. 118-21.
84. CDC. Recommendations and Reports. Recommendations for Prevention and Control of Hepatitis C Virus (HCV) Infection and HCV-Related Chronic Disease. MMWR. 1998;47(RR19):1-39.
85. Mast EE. Mother-to-infant hepatitis C virus transmission and breastfeeding. Adv Exp Med Biol. 2004;554:211-6.
86. Hamprecht K, Maschmann J, Vochem M, Dietz K, Speer CP, Jahn G. Epidemiology of transmission of cytomegalovirus from mother to preterm infant by breastfeeding. Lancet. 2001; 357:513-8.
87. Yasuda A, Kimura H, Hayakawa M, Ohshiro M, Kato Y, Matsuura O. Evaluation of cytomegalovirus infections transmitted via breast milk in preterm infants with a real-time polymerase chain reaction assay. Pediatrics. 2003;111:1333-6.
88. Hamprecht K, Maschmann J, Muller D, Dietz K, Besenthal I, Goelz R, et al. Cytomegalovirus (CMV) inactivation in breast milk: Reassessment of pausterization and freeze-thawing. Pediat Res. 2004;56:529-35.
89. WHO. Division OF Child Health and Deverlpment (CHD), the Global Tuberculosis Programme (GTB), the Global Programme for Vaccines and Immunization (GPV), and Reproductive Health (Technical Support) (RHT). Breastfeeding and Maternal Tuberculosis. Division of Child Health and Development. Update. 1998;23:1-4.Disponible en: www.who.int/child-adolescent-health/New_Publications/NUTRITION/Breastfeeding_Tub.pdf.
90. Lawrence RA, Lawrence RM. Appendix E. Precautions and breastfeeding recommendations for selected maternal infections. En: Breastfeeding: A Guide for the Medical Profession. 5th ed. St Louis: Mosby Inc; 1999. p. 868-85.
91. Hale TW. Medicamentos y lactancia (ed. esp.). St Louis: EMISA: 2004.
92. Cadime. Medicamentos y lactancia. Boletín Terapéutico andaluz. 2001, n.º 19. Disponible en: http://www.easp.es/web/documentos/MBTA/00001189documento.pdf.
93. American Academy of Pediatrics, Committee on Drugs. Transfer of drugs and other chemicals into human milk. Pediatrics. 2001;108:776-89.
94. Gunzerath L, Faden V, Zakhari S, Warren K. Alcoholism. Clin Exp Res. 2004;28:829-47.
95. OMS. Mastitis, causas y manejo. Ginebra 2002 y lactancia. WHO/FHC/CAH/00.13. Accesible al documento traducido al español en: www.aeped.org/l-mat.
96. American Academy of Breastfeeding. Subcommittee on Hyperbilirrubinemia. Management of Hyperbilirrubinemia in the newborn infant 35 weeks or more of gestation. Pediatrics. 2004;114:297-316.
97. Purnell H. Phenylketonuria and maternal phenylketonuria. Breastfeed Rev. 2001;9:19-21.
98. Grupo de Trabajo sobre Salud Mental en Atención Primaria del PAPPS-semFYC. Atención a la mujer y el niño durante el embarazo y el puerperio. Disponible en: http://www.aepap.org/previnfad/embarazoypuerperio.htm

99. Stremler J, Lovera D. Insight from a breastfeeding peer support pilot program for husbands and fathers of Texas WIC participants. J Hum Lact. 2004;20:417-22.
100.Wolfberg AJ, Michels KB, Shields W, O'Campo P, Bronner Y, Bienstock J.Dads as breastfeeding advocates: Results from a randomized controlled trial of an educational intervention. Am J Obstet Gynecol. 2004;191:708-12.
101. Closa Monasterolo R, Moralejo Beneítez J, Ravés Olivé MM, Martínez Martínez MJ, Gómez Papí A. Método canguro en recién nacidos prematuros ingresados en una Unidad de Cuidados Intensivos Neonatal. An Esp Pediatr. 1998;49:495-8.
102. Gómez Papí A, Baiges Nogués MT, Batiste Fernández MT, Marca Gutiérrez MM, Nieto Jurado A, Closa Monasterolo R. Método canguro en sala de partos en recién nacidos a término. An Esp Pediatr. 1998;48:631-3.
103.Widstrom A-M, Thingstrom-Paulsson J. The position of the tongue during rooting reflexes elicited in newborn infants before the first suckle. Acta Pediatr. 1993;82:281-3.
104.Wolf L, Glass RP. Feeding and Swallowing Disorders in Infancy: Assessment and Management. San Antonio, Harcourt Assessment; 1992.
105. Righard L, Alade MO. Effect of delivery room routine on success of first breast-feed. Lancet. 1990;336:1105-7.
106. Kron RE, Stein M, Goddard KE. Newborn sucking behavior affected by obstetric sedation. Pediatrics. 1966;37:1012-6.
107. Ransjo-Arvidson AB, Matthiesen AS, Lilja G, Nissen E, Widstrom AM, Uvnas-Moberg K. Maternal analgesia during labor disturbs newborn behavior: Effects on breastfeeding, temperature, and crying. Birth. 2001;28:5-12.
108. Righard L, Alade MO. Effect of delivery room routine on success of first breast-feed. Lancet. 1990;336:1105-7.
109. Anderson GC, Moore E, Hepworth J, Bergman N. Early skin-to-skin contact for mothers and their healthy newborn infants (Cochrane Review). En: The Cochrane Library, Issue 2. Oxford: Update Software, 2003.
110. American Academy of Pediatrics. Committee on Fetus and Newborn. Controversies concerning vitamin K and the newborn. Pediatrics. 2003;112:191-2.
111. Puckett RM, Offringa M. Prophylactic vitamin K for vitamin K deficiency bleeding in neonates (Cochrane Review). En: The Cochrane Library, Issue 4. Oxford: Update Software, 2001.
112. Howard CR, Howard FM, Lamphear B, Eberly S, DeBlieck EA, Oakes D, et al. Randomized clinical trial of pacifier use and bottle-feeding or cupfeeding and their effect on breastfeeding. Pediatrics. 2003;111:511-8.
113. AWHONN. Evidence-based-Guía clinical practice guideline. Breastfeeding support prenatal care through the first year. Jan, 2000. Disponible en: www.guidelines.gov
114. ILCA. Evidence-based guidelines for breastfeeding management during the first fourteen days. [April 1997]. Disponible en: www.guidelines.gov
115. Singapour Ministry of Health. Management of breastfeeding for healthy full-term infants. [december 2002]. Disponible en: www.guidelines.gov
116. Hernández Aguilar MT, Cerveró L, García Ballester M, Fernández Pérez M, Gutiérrez G, Lloret J, et al. Manejo de la lactancia materna desde el embarazo

hasta el segundo año. Guía de práctica clínica basada en la evidencia. Disponible en: http://www.aeped.es/pdf-docs/lm_gpc_peset_2004. pdf
117.World Health Organization, Family and Reproductive Health, Division of Child Health and Development: Evidence for the Ten Steps to Successful Breastfeeding. Publication WHO/CHD/ 98.9. Genève: WHO; 1998.
118. Dennis CL, Hodnett E, Gallop R, Chalmers B. The effect of peer support on breast-feeding duration among primiparous women: A randomized controlled trial. CMAJ. 2002; 166:21-8.
119.World Health Organization: Protecting, Promoting and Supporting Breastfeeding: The Special Role of Maternity Services (a joint WHO-Unicef stetement). Genève: WHO; 1989.
120. OMS. Código Internacional de Comercialización de Sucedáneos de Leche Materna. Genève: WHO; 1981. Disponible en: http://www.ibfan.org/spanish/resource/who/fullcode-es.htm.
121. Directiva 91/321/ CEE, Comunidad Europea 14 de Mayo 1991.
122. Real Decreto RD1408/1992 de 20 de noviembre.
123. Real Decreto RD 72/1998 de 23 de enero.
124. Gartner LM, Morton J, Lawrence RA, Naylor AJ, O'Hare D, Schanler RJ, et al. American Academy of Pediatrics Section on Breastfeeding Breastfeeding and the Use of Human Milk. Pediatrics. 2005;115:496-506. Disponible en: http://www.pediatrics. org/cgi/content/full/115/2/496
125. Rea MF, Venancio SI. Avaliaçao do curso de aconselhamento em amamentaçao OMS/UNICEF. J Pediatr (Rio J). 1999;75: 112-8.
126. American Academy of Pediatrics. Committee on Practice and Ambulatory Medicine. Recommendations for preventive pediatric health care. Pediatrics. 2000;105:645-6.
127. American Academy of Pediatrics. Subcommittee on Hyperbilirrubinemia. Management of Hyperbilirrubinemia in the newborn infant 35 or more weeks of gestation. Pediatrics. 2004;114:297-316.
128. Ballard JL, Auer CE, Khoury JC. Ankyloglossia: Assessment, incidence, and effect of frenuloplasty on the breastfeeding dyad. Pediatrics. 2002;110:e63.
129. Neifert R. Breastmilk transfer: Positioning, latch-on, and screening for problems in milk transfer. Clin Obstet Gynecol. 2004;47:656-75.
130. Labarere J, Gelbert-Baudino N, Ayral AS, Duc C, Berchotteau M, Bouchon N, et al. Efficacy of breastfeeding support provided by trained clinicians during an early, routine preventive visit: A prospective, randomized, poen trial of 226 mother-infant pairs. Pediatrics. 2005;115:e139-46.
131. Rajakumar K, Thomas SB. Reemerging nutritional rickets: A historical perspective. Arch Pediatr Adolesc Med. 2005;159: 335-41.
132. Heinig MJ. Vitamin D and the breastfed infant: Controversies and concerns. J Hum Lact. 2003;19:247-9.
133. Milner JD, Stein DM, McCarter R, Moon RY. Early infant multivitamin supplementation is associated with increased risk for food allergy and asthma. Pediatrics. 2004;114:27-32.
134. Dewey KG, Cohen RJ, Brown KH. Exclusive breast-feeding for 6 months, with iron supplementation, maintains adequate micronutrient status among term, low-birthweight, breast-fed infants in Honduras. J Nutr. 2004;134:1091-8.

135. Dewey KG, Nommsen-Rivers LA, Heinig MJ, Cohen RJ. Risk factors for suboptimal infant breastfeeding behavior, delayed onset of lactation, and excess neonatal weight loss. Pediatrics. 2003;112:607-19.
136. Dewey KG, Cohen RJ, Nommsen-Rivers LA, Heinig MJ. Implementation of the WHO Multicentre Growth Reference Study in the United States. Food Nutr Bull. 2004;25:84-9.
137. Blair PS, Ball HL. The prevalence and characteristics associated with parent-infant bed-sharing in England. Arch Dis Child. 2004;89:1106-10.
138. McKenna JJ, Mosko SS, Richard CA. Bedsharing promotes breastfeeding. Pediatrics. 1997;100:214-9.
139. McCoy RC, Chantry CJ, Gartner LM, Howard CR. Academy of Breastfeeding Medicine. Clinical Protocol number 6. Guideline on Co-sleeping and breastfeeding. ABM, 2003.
140. Ball HL. Breastfeeding, bed-sharing, and infant sleep. Birth. 2003;30:181-8.
141. Pollard K, Fleming P, Young J, Sawczenko A, Blair P. Nighttime non-nutritive sucking in infants aged 1 to 5 months: Relationship with infant state, breastfeeding, and bed-sharing versus room-sharing. Early Hum Dev. 1999;56:185-204.
142. Carpenter RG, Irgens LM, Blair PS, England PD, Fleming P, Huber J, et al. Sudden unexplained infant death in 20 regions in Europe: Case control study. Lancet. 2004;363:185-91.
143. Blair PS, Fleming PJ, Smith IJ, Platt MW, Young J, Nadin P, et al. Babies sleeping with parents: Case-control study of factors influencing the risk of the sudden infant death syndrome. CESDI SUDI research group. BMJ. 1999;319:1457-61.
144. Hauck FR, Herman SM, Donovan M, Iyasu S, Merrick Moore C, Donoghue E, et al. Sleep environment and the risk of sudden infant death syndrome in an urban population: The Chicago Infant Mortality Study. Pediatrics. 2003;111:1207-14.
145. UNICEF UK Baby Friendly Initiative con la Foundation for the Study of Infant Deaths. Dormir en la misma cama con el bebé. Disponible en: http://www.babyfriendly.org.uk/pdfs/spanish/sharingbed_spanish.pdf.
146. Ferber RA. Behavioral "insomnia" in the child. Psychiatr Clin North Am. 1987;10:641-53.
147. Estivill E. Insommio infantil por hábitos incorrectos. Rev Neurol. 2000;30:188-91.
148. Sadler S. Sleep: What is normal at six months? Prof Care Mother Child. 1994;4:166-7.
149. Owens LJ, France KG, Wiggs L. Behavioural and cognitivebehavioural interventions for sleep disorders in infants and children: A review. Sleep Med Rev. 1999;3:281-302.
150. Principios de orientación para la alimentación complementaria del niño amamantado. Organización Panamericana de la Salud, Washington DC, 2003. Disponible en: http://www.who.int/child-adolescent-health/New_Publications/NUTRITION/guiding_principles_sp.pdf.
151. Dewey KG. Nutrition, growth and complementary feeding of the breastfed infant. Pediatr Clin North Am. 2001;48: 87-104.

152. Subcommittee on Nutrition During Lactation. Institute of Medicine. National Academy of Sciences. Nutrition during lactation. Washington: National Academy Press; 1991.
153. Todd JM, Parnell WR. Nutrient intakes of women who are breastfeeding. Eur J Clin Nutr. 1994;48:567-74.
154. Domellof M, Lonnerdal B, Dewey KG, Cohen RJ, Hernell O. Iron, zinc, and copper concentrations in breast milk are independent of maternal mineral status. Am J Clin Nutr. 2004;79: 111-5.
155. Kibirige MS, Hutchison H, Owen CJ, Delves HT. Prevalence of maternal dietary iodine insufficiency in the north east of England: Implications for the fetus. Arch Dis Child Fetal Neonatol. 2004;89;436-9.
156. Morreale G, Obregón MJ, Escobar F. Role of thyroid hormona during early brain development. Eur J Endocrinol. 2004;151:U25-U37.
157. Morreale de Escobar G, Escobar del Rey F. El yodo durante la gestación, lactancia y primera infancia. Cantidades mínimas y máximas: de microgramos a gramos. An Esp Pediatr. 2000; 53:1-5.
158. Aguayo J. Maternal lactation for pretermin newborn infants. Early Human Development. 2001;65:21-9.
159. Conde-Agudelo A, Díaz-Rosselló JL, Belizan JM. Kangaroo mother care to reduce morbidity and mortality in low birthweight infants. Cochrane Database Syst Rev. 2003;(2): CD002771. Review.
160. Dzukou T, De la Pintiere A, Betremieux P, Vittu G, Roussey M, Tietche F. Kangaroo mother care: Bibliographical review on the current attitudes, their interests and their limits. Arch Pediatr. 2004;11:1095-100.
161. Levin A. Humane Neonatal Care Initiative. Acta Paediatr. 1999;88:353-5.
162.Wetrup B, Kleberg A, Stjernqvist K. The Humane Neonatal Care Initiative and family-centered developmentally supportive care. Acta Paediatr. 1999;88:1051-2.
163. Pinelli J, Symington A. Non-nutritive sucking for promoting physiologic stability and nutrition in preterm infants (Cochrane Methodology Review). The Cochrane Library, Issue 4; 2003.
164. Caple J, Armentrout D, Huseby V, Halbardier B, García J, Sparks JW, et al. Randomized, controlled trial of slow versus rapid feeding volume advancement in preterm infants. Pediatrics. 2004;114:1597-600.
165. Kuschel CA, Harding JE. Multicomponent fortified human milk for promoting growth in preterm infants. The Cochrane Library, Issue 4; 2000.
166. Hughes V. Guidelines for the stablishment and operation of a human milk bank. J Hum Lact. 1990;6:185-6.
167. Biancuzzo M. Strategies for breastfeeding the compromised newborn. 287-328. In Breastfeeding the newborn. 2nd ed. St Louis: Mosby; 2003.
168. Lawrence R. Breastfeeding the infant with a problem. In: Breastfeeding. A guide for the medical profession. 5th. St Louis: Mosby; 1999.
169. Aguayo Maldonado J. Lactancia materna en situaciones especiales. En: La lactancia materna. Sevilla: Universidad de Sevilla; 2001. p. 227-34.
170. Glenny AM, Hooper L, Shaw WC, Reilly S, Kasem S, Reid J. Feeding interventions for growth and development in infants with cleft lip, cleft palate or cleft lip and palate. Cochrane Database Syst Rev. 2004;CD003315.

171. Lambert JM, Watters NE. Breastfeeding the infant/child with a cardiac defects: An informal survey. J Human Lact. 1998;14: 151-5.
172. Barbas KH, Kelleher DK. Breastfeeding success among infants with congenital heart disease. Pediatr Nurs. 2004;30: 258-9.
173. Martín Calama J, Lozano de la Torre MJ. Contraindicaciones de la lactancia materna. En: Aguayo Maldonado J, editor. La lactancia materna. Sevilla: Universidad de Sevilla; 2001. p. 157-79.
174. Riaño Galán I. Patología materna. En: Lactancia materna. Guía para profesionales. Monografías de la AEP. 2004;5:305-11.
175. Souto GC, Giugliani ER, Giugliani C, Schneider MA. The impact of breast reduction surgery on breastfeeding performance. J Hum Lact. 2003;19:43-9.
176. Nommsen-Rivers L. Cosmetic breast surgery—Is breastfeeding at risk? J Hum Lacta. 2003;19:7-8.
177. European Comission, Directorate Public Health and Risk Assessment. EU Project on Promotion of Breastfeeding in Europe. Protection, Promotion and Support of Breastfeeding in Europe: A blueprint for Action. Luxembourg 2004. Disponible en: http://europa.eu.int/health/ph_projects/2002/promotion/promotion_2002_18_en.htm **178.** Palomares Gimeno MJ, Labordena Barceló C, Sanantonio Valdearcos F, Agramunt Soler G, Nácher Fernández A, Palau Foster G. Opiniones y conocimientos básicos sobre lactancia materna en el personal sanitario. Rev Pediatr Aten Primaria. 2001;3:393-402.
179. OMS. Infant and young child feeding. A tool, for assessing national practices, policies and programmes. ISBN 9281562544. Genève: WHO; 2003.
180. Aguayo Maldonado J. Epidemiología de la Lactancia Materna en Andalucía. Beca del Servicio Andaluz de Salud: 70/00.
181. Paricio Talayero JM. Aspectos históricos de la alimentación al seno materno. En: La lactancia materna: Guía para profesionales. Madrid: Ergón; 2004. p. 7-27.
182. Estévez MD, Cebrián DM, Medina R, García E, Saavedra P. Factores relacionados con el abandono de la lactancia materna. An Esp Pediatr. 2002;56:144-50.100

www.ingramcontent.com/pod-product-compliance
Lightning Source LLC
Chambersburg PA
CBHW021856170526
45157CB00006B/2478